Aníbal Bermúdez García

**Seminarios Cirugía Cardiaca
Facultad de Medicina
Universidad de Cádiz**

**PATOLOGIA QUIRURGICA I**

CIRCULACIÓN EXTRACORPÓREA

Seminarios Cirugía Cardiaca

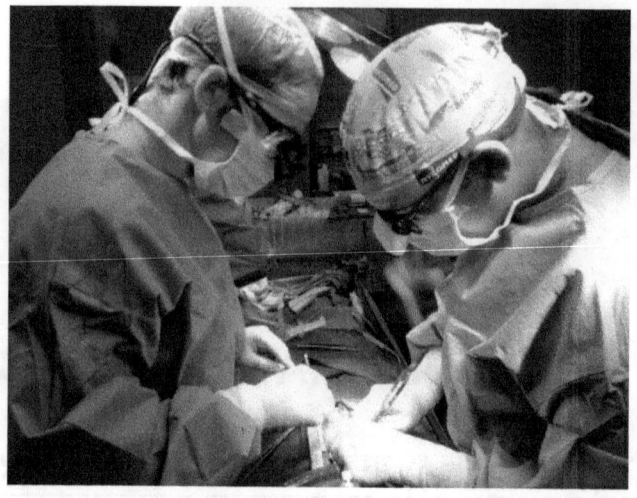

# SEMINARIOS FACULTAD DE MEDICINA UNIVERSIDAD DE CÁDIZ CIRUGIA CARDIACA PQ1

# CIRCULACIÓN EXTRACORPÓREA

Aníbal Bermúdez García
Cirujano Cardiovascular Hospital Univ. Puerta del Mar
CADIZ
Dionisio Espinosa Jimenez
Cirujano Torácico Hospital Universitario Puerta del Mar
CADIZ
Emilio Orquín Ortega
Cirugía General. Profesor Universidad de Cádiz
Miguel Velasco García
Catedrático de Cirugía Facultad de Medicina de Cádiz

Seminarios Cirugía Cardiaca

Ediciones Lulu
2016

Copyright © <2016> by <Aníbal Bermúdez García>

Todos los derechos reservados. Este libro o cualquier parte del mismo no pueden ser reproducidos o utilizar en cualquier forma sin la autorización por escrito del editor, excepto para el uso de citas breves en una reseña de un libro o revista académica.

All rights reserved. This book or any portion thereof may not be reproduced or used in any manner whatsoever without the express written permission of the publisher except for the use of brief quotations in a book review or scholarly journal.

Primera impresión: <2016>

ISBN 978-1-326-63673-9

www.anibalber@hotmail.com

# Dedicatoria

A mi familia y a mis maestros, no sólo de Medicina, por aguantarme en mis peores momentos, en especial a mis dos mejores profesores:
Aníbal Bermúdez Parra y María Bermúdez Parra

# Contenidos

## GLOSARIO DE CAPITULOS

**Agradecimientos**

**Introducción**

**Antecedentes de la cirugía cardiaca. Los pioneros**
(por Carlos Garcia Camacho, enfermero perfusionista)

**Características**

**Los Avances**

**Componentes de la Máquina de CEC**

**Funciones de la bomba**

**Establecimiento de la Circulación extracorpórea**

**La cardioplegia**

**Tipos de circulación extracorpórea**
**Concepto básico de Circulación extracorpórea**
( por Maria Isabel Parra Velázquez, DUE)
**Consecuencias**

**Establecimiento de la Circulación**

**Complicaciones de la CEC**

**Resultadosde la CEC**

Seminarios Cirugía Cardiaca

Aníbal Bermúdez García

# Agradecimientos

No sólo existen profesores en las escuelas, de todo el mundo hay algo que aprender, por ello este libro se dedica a todas las personas que aportan algo a tu conocimiento.

El médico tiene la obligación de transmitir lo que sabe a otros, si no todos sus conocimientos morirán con él y la medicina no tendrá sentido

# Introducción

La cirugía cardiaca tal como la conocemos hoy en día, es una especialidad incluida dentro de las especialidades quirúrgicas de la actividad profesional del médico. Se trata de una especialidad muy reciente, con unos 50-60 años de desarrollo y que ha alcanzado un nivel técnico muy alto en relativamente poco tiempo, tanto es así que los pioneros nacionales en este tipo de intervenciones aún alguno permanece en activo o están comenzando a retirarse de la práctica clínica.

Entendemos que en los estudios de los alumnos de la Facultad de Medicina, debe estar presente, pero no se trata de una fuente de conocimientos principal entre los adquiridos por el médico general o el presente en los dispositivos de urgencia o atención primaria.

Por ello es que el objetivo de este libro y de la asignatura irá encaminado a fortalecer lo que un licenciado en Medicina y Cirugía debe conocer de la especialidad en su actividad diaria como conocimientos básicos, restando importancia a los aspectos puramente técnicos de la misma de nivel especialista, que no tendría sentido asumir a este nivel.

Se exigirá conocer la clínica de las enfermedades repasadas en la asignatura, las indicaciones, los métodos de diagnósticos y las posibles complicaciones, desestimando las cuestiones más técnicas de la disciplina. Saber manejar diferentes tipos de casos clínicos será una de las bases fundamentales de los objetivos prefijados

## ANTECEDENTES DE LA CIRUGIA CARDIACA
## LOS PIONEROS

Durante la mayor parte de la historia, el corazón humano ha sido considerado como un órgano con carácter especial, muy delicado de manipular, en ocasiones intocable, debido a que cualquier mínimo intento de manipulación quirúrgica conllevaba la muerte del paciente de manera precipitada, bien fuera por hemorragia o en el contexto de arritmias de carácter maligno, o por entrada de aire en cavidades cardiacas, lo cual desalentaba los intentos de manipulación quirúrgica del mismo.

La mayoría de los cirujanos lo consideraban un órgano intocable, misterioso e incluso en ocasiones se le llego a atribuir el término de reverenciado, debido a que históricamente a él se le han atribuido funciones en los sentimientos, en lo que la persona es, incluso en la posesión de la persona en sí y sus pensamientos, siempre rodeado de un halo de misticismo y de casi reverencia.

Stephen Paget en **1896** publicaba en su libro sobre cirugía torácica la frase "La cirugía cardíaca ha alcanzado los límites impuestos por la naturaleza" es decir, nos estaba asegurando que lo poco que se podía hacer quirurgicamente sobre el corazón en esa epoca era lo máximo que se podría hacer sobre él, y que no se podía avanzar más al ser un órgano verdaderamente intocable.

Durante la II guerra mundial los cirujanos estaban capacitados para intervenir practicamente cualquier órgano con soltura, contaban con la destreza suficiente y la técnica necesaria pero no intervenían soldados con metralla alojada en el corazón, lo cual engrandecía la imagen del corazón como órgano intocable.

El 9 de septiembre de 1896, mismo año que la publicación de Paget, Ludwing Rehn fue la primera persona en suturar exitosamente una herida en el corazón; algo que para entonces era considerado imposible, fue capaz de reparar una herida de puñalada sufrida por el jardinero de 22 años de edad, Wilhelm Justus. Consiguió un gran logro para él demostrando que quizás no era tan intocable como Paget afirmaba varios meses antes.

Durante muchos años después la Cirugía Cardiaca fue más mortal que útil y los fracasos se sucedían uno detrás de otro, durante varias décadas los progresos fueron inexistentes, en el inicio de la cirugía cardiaca la mortalidad estaba presente a través de enormes cifras de pacientes, y los pioneros en esta disciplina afrontaron enormes decepciones para poder perseverar en su intento de intervenir el corazón.

Aníbal Bermúdez García

A comienzo de los años 40 Dwight Harken, cirujano estadounidense, gracias a los desastres de la guerra, logró avanzar en el terreno de la cirugía cardiaca como la conocemos hoy.

Tras pasar meses experimentando en animales como sacar metralla del corazón, hurgando con material quirúrgico en cavidades cardiacas de animales, logró adquirir habilidad como para intervenir a soldados que presentaban heridas cardiacas y restos de metralla y proyectiles alojados en el corazón, pescando a ciegas con unas pinzas para extraer los fragmentos. Intervino a mas de 130 soldados con éxito

Demostró así que el corazón PODIA OPERARSE

Por fin había comenzado la Cirugía Cardiaca...

En 1938, R. Gross, en Boston, cerró un ductus arterioso persistente.

En 1944, A. Blalock realizó la primera anastomosis subclaviopulmonar en un niño de 15 meses con tetralogía de Fallot. También en 1944, C. Crafoord, en Suecia, operó a un niño de 12 años con coartación de la aorta, aprovechando trabajos experimentales previos de R. Gross en Boston.

Simultáneamente, en ese mismo año, J. Alexander publicó una aortectomía en un aneurisma torácico de adulto.

En 1945, Sir R. Brock realizó una valvulotomía instrumental en una estenosis pulmonar grave.

En 1949, O. Abbot empleó una placa de celofán para cubrir un aneurisma torácico. En forma simultánea en 1949, Hufnagel implantó un injerto en la aorta torácica. Técnicas más numerosas y sofisticadas fueron publicadas por D. Cooley y M. DeBakey en 1952.

Todas ellas tecnicas cerradas hasta el desarrollo de los sistemas de perfusión

Aníbal Bermúdez García

A partir de 1950, con C. Bailey y luego Harken, comenzó la cirugía de la válvula mitral en adultos y en ese mismo año, C. Bailey realizó una dilatación instrumental en una estenosis aórtica en un adulto.

En 1952, W. Muller y J. Dammann realizaron el cerclaje de la arteria pulmonar destinado a cardiopatías congénitas con hipertensión pulmonar por hiperaflujo.

En ese mismo año, John Lewis, utilizando hipotermia con cierre temporario de las cavas, cerró exitosamente una CIA. También C. Bailey en 1953 publicó el cierre de una CIA a través de una atrioseptopexia.

En 1953, J. H. Gibbon utilizó por primera vez la circulación extracorpórea en el cierre de una CIA, como desarrollaremos en este seminario.

C. W. Lillehei, quien en 1955 publicó una serie de treinta y dos pacientes operados bajo visión directa, incluyendo tetralogías de Fallot, con empleo de circulación cruzada y a un familiar hemocompatible como dador, es decir utilizando otro humano como soporte circulatorio para el paciente.

No se registraron fracasos en los dadores. Los resultados alejados, a treinta años de estos heroicos procedimientos, fueron publicados en 1986 por los mismos autores.

Finalmente, y en forma simultánea, en 1955 comenzó la circulación extracorpórea en serie, curiosamente en el mismo mes de marzo, a escasas 80 millas de distancia con C. W. Lillehei en la Universidad de Minnesota y J. W. Kirklin (20) en la Clínica Mayo (Rochester-Minnesota).

El origen de todos estos procedimientos y de la idea de disponer de un soporte circulatorio que evite el fallecimiento del paciente durante la intervención, se remonta a bastantes años anteriores, donde se llevaron a cabo experimentos que mantenían o preservaban algunas funciones vitales de tejidos separados de un corazón que les realizara el aporte de oxigeno y nutrientes que precisan

Fue César Julien LeGallois (1770-1814) quien en 1813, sugiere que la perfusión artificial de una parte del cuerpo, aislada del corazón, puede preservar sus funciones.

Esto lo hizo llevando a cabo experimentos en los que perfundia de modo artificial sangre a través del sistema circulatorio de pequeños animales y observaba cómo era capaz de preservar algunas funciones vitales básicas en la extremidad del animal aun a pesar de ya no haber signos vitales en el propio ser vivo.

(LeGallois JJC, Nancrede NC, Nancrede JC, trans. Experiments on the Principles of Life. M. Thomas; 1813.)

### Edouard Brown Sequard

Demostró que los músculos de condenados guillotinados o ejecutados , en fase de rigidez cadavérica, ya no pueden responder a una estimulación eléctrica y que esta función puede ser de alguna manera preservada o reactivada durante algún tiempo por medio de la perfusión de sangre oxigenada. En sus experimentos inyectó su propia sangre en asesinos decapitados. (1848-1858)

A su vez se fueron desarrollando los diseños de los primeros oxigenadores, pues no basta con perfundir sangre para mantener las funciones vitales sino que esta debe ser preferentemente sangre oxigenada

Ludwig y Schmidt

En 1868 consiguieron oxigenar sangre venosa haciéndola burbujear dentro de un frasco. No solo era necesario perfundir sangre, sino que esta debía ser rica en O2 para la adecuada perfusión tisular

Von Schroeder

En 1882 experimentó el uso de un flujo continua de burbujas para oxigenar la sangre, pudiéndose considerar el *primer oxigenador.*

Max von Frey

En 1885 logra hacer la primera bomba corazón-pulmón, con la cual se lograba experimentalmente mantener viva la extremidad de un perro.

## Sergei Brukhonenko

Llevo a cabo un experimento tremendamente controvertido, con gran numero de detractores. Actualmente es posible visualizarlo a través de internet

Desarrolló un aparato a modo de bomba de circulación extracorpórea a finales de 1920, con el mismo fundamento que las actuales bombas de perfusión, con el cual consiguió mantener con vida durante 190 minutos la cabeza amputada de un perro vivo.

La cabeza del perro era conectada a su máquina corazón pulmón a la que llamó "autojector", el dispositivo que supuestamente le da a la cabeza todo lo que necesita durante unos minutos para mantenerla con vida.

El experimento contó con grandes detractores y a pesar de las reticencias médicas y del carácter bizarro del experimento, Sergei fue pionero en la investigación y construcción de la primera máquina corazón-pulmón imprescindible posteriormente para la cirugía extracorpórea, con este experimento conseguía demostrar que incluso un órgano tan noble y delicado como el SNC era posible mantenerlo con "vida" con solo la perfusión de sangre oxigenada y la extracción de $CO_2$ y productos de desecho.

arteria pulmonar, consiguió extraer el émbolo y la cerró en tan sólo 6 minutos y 30 segundos, pero la paciente no sobrevivió. Gibbon escribió más tarde:
"Durante esa larga noche, observando desesperadamente a la paciente luchar por su vida, espontáneamente surgió en mí la idea de que si hubiera sido posible remover en forma continua parte de la sangre azul de las venas distendidas de la paciente, poner oxígeno en esa sangre y permitir que el anhídrido carbónico se separe de ella, y luego inyectar de vuelta también en forma continua en las arterias de la paciente esta sangre ahora roja, podríamos haber sido capaces de salvar su vida".

Era la idea que dió origen a la creación de una máquina de circulación extracorpórea tal como la conocemos a día de hoy

Durante unas vacaciones en 1946, Gibbon, de forma casual, conoció a Thomas Watson, presidente de la IBM, quien tras conocer su idea, le dió apoyo tecnológico y la ayuda financiera al conocer su idea para la construcción de una máquina corazón-pulmón suficientemente grande y eficiente que permitiera ser utilizada en humanos.

En mayo de 1953, en Boston, Gibbon opera a su primer paciente, un bebé de 15 meses, afectado por unas malformación de las aurículas cardíacas. Es un fracaso.

El 6 de mayo de 1954 John Gibbon Jr., en el Hospital de la Universidad Thomas Jefferson, en Phiiladelfia, cerró una comunicación interauricular en una mujer de 18 años llamada Cecilia Bavolek, utilizando una máquina corazón-pulmón de su invención. Sus 4 pacientes siguientes mueren

Ante los decepcionantes resultados obtenidos, Gibbon abandona su sueño, aunque quedó patente que era posible realizar estas intervenciones con el uso de su máquina

El desarrollo de la máquina de circulación extracorpórea Gibbon-IBM, que así se denominó, fue continuado por John Kirklin, en la Clínica Mayo. Con la colaboración de los ingenieros de esta institución en la modificación de aspectos en los que fracasaba el primer dispositivo.

Kirklin desarrolló el prototipo Mayo-Gibbon-IBM, con que, a partir, del 22 de mayo de 1955, la Clínica Mayo se convirtió en uno de los dos centros de vanguardia de la cirugía a corazón abierto, perfeccionaron algunos de los problemas principales que ofrecía la primera máquina y mejoraron su funcionamiento, de forma que esta segunda bomba fue utilizada en pacientes con mayor seguridad y con mejores resultados.

Aníbal Bermúdez García

Hasta entonces la cirugía cardíaca contaba solo con técnicas cerradas sin apertura de cavidades cardiacas y con el tiempo como principal causante de mortalidad, hasta el desarrollo de técnicas en hipotermia, o con circulación cruzada o finalmente con el desarrollo de maquinas de circulación extracorpóreas . El gran reto de los cirujanos cardiacos expertos en cirugía cardiaca cerrada era cómo acometer con eficacia las malformaciones complejas en un músculo cardíaco que se vaciaría de su sangre y quedaría inerte, desprovisto temporalmente de sus contracciones. Se podría entonces hacer cualquier cosa: abrirlo, repararlo, y hacerlo funcionar otro vez.

La "otra"bomba

En Minneappolis, un cirujano fuera de lo común, C. Walton Lillehei, desarrolla una técnica de soporte circulatorio a la que denominó "circulación cruzada" a principios de los años 50, consistente en que un individuo sano voluntario (habitualmente el padre o la madre del operado) garantiza la circulación y la oxigenación de la sangre del paciente (la mayoría de los veces un niño debido a las limitaciones de peso corporal) por un simple sistema de canalización de los arterias y de los venas entre una y otro; los pulmones y el corazón del individuo " cruzado" aseguran la oxigenación y la circulación de la sangre del operado.

El primer éxito se remonta al 26 de marzo de 1954, se intervienen 45 pacientes con éxitos discutibles, afortunadamente estas técnicas fueron abandonadas, aunque los resultados quedaron recogidos y perduran en la historia de la cirugía cardiaca, el desarrollo del soporte circulatorio "mecánico" y no humano, se impuso con el desarrollo de los primeros prototipos de maquinas de perfusión o de circula ción extracorpórea, debido también a la posibilidad de complicaciones tanto en el niño intervenido como en su progenitor voluntario.

Se recogen comentarios de la epoca en la que la tachaban como la única intervención en la que podían existir cifras de mortalidad cercanas al 200%

### LA IDEA

John Gibbon concibió la idea de una máquina corazón-pulmón en 1931 aunque no comenzó su desarrollo hasta principios de los 50, a la edad de 28 años, cuando era residente de Cirugía en el Hospital General de Massachusetts.

Una joven mujer, a quien 15 días antes se le había efectuado una colecistectomía mediante cirugía convencional, presentó una seria complicación en su postoperatorio, una embolia pulmonar masiva, en aquellos años ésta era una complicación bastante frecuente en el postoperatorio en general, conocian la fisiopatologia del proceso y conocían lo que estaba sucediendo en la lecho vascular pulmonar de la paciente.

La operación para la embolia pulmonar no se había efectuado nunca con éxito en Estados Unidos. Churchill, jefe del Servicio de Cirugía, y Gibbon, después de una vigilia durante toda la noche y a las 8 de la mañana del día siguiente, observaron que la paciente perdió la conciencia, el pulso se enlenteció y dejó de respirar. Churchill abrió la

Aníbal Bermúdez García

## BOMBAS DE C.E.C.

Los primeros prototipos utilizaban diferentes maneras de impulsar la sangre y de generar la presión suficiente para hacerla regresar a través del sistema venoso, algunos de estos sistemas fueron:

### Tornillo de arquímides

Un Tornillo de Arquímedes es una máquina gravimétrica, para luchar en contra de la gravedad, utilizada para elevación de agua, harina o cereales. Fue inventado en el siglo III a. C. por Arquímedes, del que recibe su nombre, aunque existen hipótesis de que ya era utilizado en Egipto. Se basa en un tornillo que se hace girar dentro de un cilindro hueco, situado sobre un plano inclinado, y que permite elevar el agua situada por debajo del eje de giro. Desde su invención hasta ahora se ha utilizado para el bombeado de fluidos y como no en las primeras impulsoras de sangre a modo de bomba. También es llamado Tornillo sin fin por su circuito en infinito.

### Bomba de dedos múltiples

Un sistema de golpeadores infringían un constante martilleo del tubo por el que fluía el contenido en este caso hemático, ocasionando el continuo desplazamiento del liquido en su interior

## BOMBAS DE RODILLO

Sistema que consiste en dos o tres rodillos que se desplazan en el interior de una caja comprimiendo un tubo situado en su interior.
Conociendo el diámetro del tubo y las revoluciones, es posible calcular el flujo de la bomba.

## FUNCION DE LA BOMBA DE CEC

Es fácil interpretar en que consisten las funciones principales de la máquina de circulación extracorpórea, básicamente extrae la sangre venosa de retorno a la aurícula derecha procedente del organismo con productos de desecho y $CO_2$ y la oxigena sustituyendo la acción del pulmón, a continuación la "bombea" hacia la circulación arterial proporcionando el flujo adecuado de sangre oxigenada al sistema arterial del paciente, para distribuirlo por todos los órganos

## CARACTERÍSTICAS

Aníbal Bermúdez García

Una bomba que hace circular la solución de perfusión a través del organismo del paciente, que impulsa la sangre y garantiza un volumen de circulación continuo por minuto.

Un reservorio donde se encuentra el líquido, en este caso la sangre, que permite vaciar o llenar el corazón del paciente y el resto de su sistema vascular, incluso permite

depleccionar al paciente casi en su totalidad del contenido hemático, un sistema de refrigeración, un intercambiador de calor y un sensor de temperatura, con esto es posible variar la temperatura del paciente y realizar cirugías en hipotermia, permitiendo un flujo sanguíneo prácticamente nulo por el organismo durante un tiempo limitado, finalmente un sistema de control que controla todo el dispositivo

Cuentan además con una serie de sensores que permiten el registro de los parámetros hemodinámicos de flujo y de presión de perfusión

Además de todo esto también dispone de un oxigenador para permitir el intercambio gaseoso de $O_2$ en la sangre venosa que llega al reservorio

La máquina de circulación extracorpórea permite pues: parar, abrir, vaciar, reparar cerrar, y todo lo que se nos ocurra al corazón humano incluso extirparlo y sustituirlo por otro de donante o bien artificial, garantizando la perfusión tisular durante el tiempo en que estamos sin poder hacer uso del corazón del paciente

## ¿QUÉ AVANCES SE HAN DEBIDO DAR EN LA CIRUGÍA CARDIACA PARA LLEGAR A LA SITUACIÓN ACTUAL?

Hemos visto la evolución de la máquina de circulación extracorpórea, los avances en perfusión corporal y circulación extracorpórea, hasta el desarrollo de la actual maquina de corazón pulmón, o de circulación extracorpórea actual, el desarrollo ha sido enorme en un periodo corto de tiempo.

No solo se han producido avances en la propia maquina, para la mejoría de los resultados en las distintas técnicas quirúrgicas de la actualidad, esta mejoría se ha visto a su vez influenciada por los avances en otros aspectos como son por ejemplo, la protección miocárdica, la CARDIOPLEGIA, es evidente que la solución cardioplégica actual es mucho más avanzada y protege mejor al miocardio que las iniciales en la evolución de la cirugía cardiaca, donde el tiempo de realización de la cirugía era prioritario, ante la escasez de protección miocárdica adecuada, de la misma

Aníbal Bermúdez García

manera se ha avanzado mucho en protección cerebral, HIPOTERMIA, protección renal y corporal en si, haciendo esto que los resultados de la cirugía cardiaca hayan mejorado y hayan podido afrontar técnicas antes inabordables

Los propios avances tecnológicos en Cirugía Cardiaca, en referencia a la mejora de las válvulas, los dispositivos de implantación, los marcapasos, desfibriladores, asistencias ventriculares... son ahora mucho más avanzados y contribuyen también en gran medida en la mejoría de los resultados, al ser más fiables, mas biocompatibles, más duraderos y aportar mucha más seguridad y fiabilidad, influenciados como no podía ser de otro modo por la tecnología actual

## ESTABLECIMIENTO DE LA CIRCULACIÓN EXTRACORPOREA

¿Cómo funciona la máquina de circulación extracorpórea conectada al paciente?, ya hemos visto que es lo que hace, para que sirve, y ahora veremos cómo se "conecta" el paciente a dicha máquina para llevar a cabo su función

Para el establecimiento de la circulación extracórporea se precisa de

1-Una entrada arterial:
Normalmente aorta ascendente

Arteria femoral común, en los casos en que no es posible utilizar la aorta, bien por disección, inaccesibilidad o por necesidades de urgencia

Arteria axilar, en casos de establecimiento de circulación anterógrada cerebral exclusiva, encirugias de arco aórtico o disecciones emergentes tipo A

2-Una salida para la sangre venosa desoxigenada:

Normalmente introduciendo una cánula en aurícula derecha y cava inferior o si vamos a realizar una cirugía en

la que se van a abrir cavidades derechas, habrá que colocar una cánula en ambas venas cavas por separado.

Con estas dos cánulas y este circuito, podremos realizar la perfusión de los distintos órganos del paciente, perfundiendo de manera continuada, recogiendo la sangre de retorno a la auricula derecha, derivándola a la máquina, oxigenándola y devolviéndola al circuito arterial.

Con este sistema perfundimos el organismo pero aun no podríamos parar el corazón y mantenerlo vacío y parado

Una vez asegurado el circuito arteriovenoso que protegerá y mantendrá perfundido al organismo, se establece otro circuito entre la entrada arterial a la circulación coronaria propia del corazón, bien sea aorta ascendente o directamente por los ostium coronarios y su

Aníbal Bermúdez García

"desagüe" a nivel del seno coronario, para hacer circular por él el liquido que protege y para el movimiento cardiaco, que conocemos como solución cardioplégica o cardioplegia

Muy importante: Para el establecimiento de la circulación extracorpórea la sangre del paciente debe abandonar el organismo, abandonará el contacto con el endotelio vascular, deberá circular por tubos y por filtros y reservorios de los circuitos de la bomba, todos ellos compuestos por superficies artificiales no endoteliales, y que por tanto activarían el sistema propio de coagulación de la sangre, es por ello que se precisa de una ANTICOAGULACIÓN COMPLETA del paciente, para lo cual se administra el triple de la dosis anticoagulante de la Heparina i.v. normalmente 3 mgr/Kg de peso del paciente, con 1 mgr/kilo se considera que el pacien

te está completamente anticoagulado, pero se utiliza el triple de esta dosis, con normalidad

Una vez establecida la circulación extracorpórea en el organismo, el siguiente paso es clampar la aorta, para impedir el paso de sangre a los ostium coronarios, asi iniciar el TIEMPO DE ISQUEMIA, que es el tiempo en el que el corazón permanece parado y en isquemia, y comenzar a suministrar al miocardio la solución que lo mantendrá parado en diástole y protegido, evitando el consumo de oxigeno derivado del latido muscular miocárdico, durante este tiempo las fibras miocárdicas se encuentran en isquemia y protegidas únicamente por la solución cardioplégica :

Seminarios Cirugía Cardiaca

## LA CARDIOPLEGIA

Sustancia empleada en Cirugía Cardiaca para detener la actividad eléctrica y mecánica del corazón, en diástole, durante el procedimiento quirúrgico, causando el menos daño isquémico posible sobre el corazón. La cardioplegia podra ser

|  |  |  |
|---|---|---|
| hemática | fría | continua |
| cristaloide | caliente | intermitente |

Y según su via de administración :

ANTEROGRADA   RETROGRADA   DIRECTA A OSTIUMS

EL FRIO LOCAL    mediante suero salino helado baja la temperatura local y disminuye las demandas energéticas del miocardio

### TIPOS DE CIRCULACIÓN EXTRACORPOREA

Convencional:

1-Cánula aórtica / Cánula cava o doble cava
2- Cánula arterial femoral / cava/ vena femoral

Una vez que el paciente esta bajo CEC, habitualmente se procede a infundir una solución cardioplégica por la raíz aórtica o directamente sobre las arterias coronarias y/o seno coronario. Para producir la parada cardiaca requerida se

Aníbal Bermúdez García

utiliza una solución cardioplégica rica en potasio. En la gran mayoría de las intervenciones se realiza el clampaje de la aorta distalmente a las coronarias con el objeto de liberar de sangre el lecho quirúrgico, al impulsar la solución cardioplegica directamente en aorta ascendente, a un lado del clamp se encuentra la cánula que perfunde al organismo, pero el cierre del clamp impide el paso de sangre al corazón, y al otro lado del clamp se infunde la cardioplegia, esta se encuentra distalmente el clamp cerrado y proximalmente por su propia presión en raíz aortica, cierra la válvula aortica si esta es competente, y el único lugar por donde puede circular es por las arterias coronarias entrando por los ostiums coronarios y difundiéndose por todo el miocardio.

En ocasiones no solo parar el corazón es necesario sino que además se precisa detener la circulación corporal durante un lapso de tiempo, para llevar a cabo procedimientos que sin esta parada cardiocirculatoria total no serian posibles, para poder realizarla será necesario bajar la temperatura corporal para reducir las demandas de O2 del metabolismo de los tejidos, creando asi un estado de pseudohibernación o de minimización de las demandas tisulares, es lo que conocemos como parada cardiocirculatoria

Parada cardiocirculatoria

¿Cuándo?    En ocasiones ante cirugías de aorta ascendente y arco aórtico en los que existe imposibilidad de clampar aorta ascendente

DISECCIÓN AORTICA AGUDA
GRANDES ANEURISMAS ASCENDENTE
ARCO AORTICO

Seminarios Cirugía Cardiaca

# LESIONES INACCESIBLES EN CAVIDADES DERECHAS

¿Por qué?

Por la imposibilidad de clampar aorta en estas patologías, debido a su debilidad y su afectación en agudo, con lo cual si no es posible clampar la aorta ascendente el flujo continuo de perfusión se perdería inundando todo el campo quirúrgico en segundos

¿Cómo?

Para poder realizar parada cardiaca y la vez parada circulatoria de la máquina de CEC y mantener al paciente sin circulación será necesario disminuir las demandas energéticas y de O2 de los tejidos, y disminuir al mínimo su actividad y su metabolismo, para ello es necesario realizar hipotermia que podrá ser moderada o profunda y establecer una estrategia de perfusión cerebral y una optimización del tiempo para permanecer en este estado el menor número de minutos posibles

Por ello en las unidades y quirófanos de cirugía cardiaca existe un protocolo de hipotermia y protección cerebral.

Aníbal Bermúdez García

La hipotermia se ha utilizado en cirugía cardiaca desde incluso antes del desarrollo de los sistemas de soporte circulatorio, en ocasiones se sumergía a los pacientes en suero helado, para clampar las cavas y realizar de forma acelerada cierre de comunicaciones inter auriculares etc.

## CONCEPTO BÁSICO DE CIRCULACIÓN EXTRACORPOREA

La Circulación Extracorpórea es un sistema que permite derivar la sangre auricular a un aparato en el que la sangre se mezcla con oxígeno y el dióxido de carbono es eliminado. La sangre así arterializada es devuelta a través de la aorta perfundiendo al organismo, durante esta circulación artificial se produce un estado de activación del sistema inmunológico, inflamatorio, y se establece un estado circulatorio en el que existen grandes modificaciones de la normalidad corporal

Seminarios Cirugía Cardiaca

## Modificaciones a la normalidad

- La sangre estará en contacto con <u>superficies no endoteliales</u> fuera del lecho vascular

- Pueden producirse partículas embolígenas particulados, por restos tisulares o contaminaciones del campo quirúrgico o gaseosos por entrada de aire en cavidades cardiacas

- Fuerzas de cizallamiento no fisiológicas a las partículas celulares sanguíneas, y a los vasos en sí

- Ausencia de flujo sanguíneo pulmonar

- Flujo sanguíneo <u>no pulsado,</u> el flujo suministrado por la bomba es continuo y laminar, no dispone de onda pulsátil, lo cual ocasiona un estado anómalo de perfusión, en el que placas ateromatosas localizadas en distintas arterias pueden sufrir fuerzas que precipiten su movilización u obstrucción, ocasionando disturbios isquémicos en diferentes tejidos. En ocasiones incluso la dirección del flujo por determinadas arterias puede invertirse, como es el caso de la perfusión a través de la arteria femoral con inversión del sentido del flujo a nivel de la aorta abdominal y torácica

Aníbal Bermúdez García

## CONSECUENCIAS

- Estigmas del procedimiento, para algunas personas, temor ante la paralización del corazón, o de una maquina que les perfunda la mente y los mantenga con vida, siempre ha contado con estigmas negativos, como una progresión de la vida más allá de la muerte o un estado entre ambos

- Eventos mórbidos mayores derivados por complicaciones en la canulación o en el funcionamiento en si del dispositivo, es de destacar que en el paciente que se interviene bajo circulación extracorpórea, CUALQUIER ORGANO puede presentar disfunción

- Muerte, todo paciente intervenido en cirugía cardiaca conlleva un porcentaje asociado aunque sea pequeño, de mortalidad, debemos conocerlo y hacerlo saber a familiares y al propio paciente

- La CEC representa un estado antinatural que afecta a todos los procesos fisiológicos del organismo

- Se afectan todos los componentes humorales y celulares de la respuesta inflamatoria

Durante el establecimiento de la circulación extracorpórea existe un control externo de variables autoreguladas del equilibrio fisiológico corporal, es decir, diferentes variables que se autoregulan fisiológicamente y que contribuyen al mantenimiento de la homeostasis corporal, pierden esta capacidad de autorregulación y quedan bajo el control humano del perfusionista encargado del manejo de la máquina de circulación extracorpórea, entre otras estas son:

- Flujo sistémico total
- Morfología de la onda de presión
- Presión venosa central
- Presión venosa pulmonar
- $O_2$, $CO_2$ y $N_2$
- Temperatura del paciente
- Estado de vasoconstricción / vasodilatación

Variables determinadas por el paciente y su situación

- Resistencia vascular sistémica
- Consumo de oxígeno
- Acidemia láctica y pH
- Flujo orgánico y regional
- Función orgánica y regional

Aníbal Bermúdez García

## COMPLICACIONES DEL ESTADO DE CIRCULACIÓN EXTRACORPOREA

Uno de los apartados más importante del tema tratado aquí en relación al nivel de los conocimientos que debe tener un médico de atención primaria o de urgencias generales, es el referente a las complicaciones que puede tener para otros órganos, el establecimiento de la circulación extracorpórea, por todo lo que hemos visto, por la activación del sistema inmunológico, inflamatorio, por las características anómalas de este tipo de circulación y sus peculiaridades, es fácil determinar que CUALQUIER órgano puede presentar disfunción temporal o definitiva, de su funcionamiento, esto es así, pues al detener el corazón y someter a todos los órganos a este sistema de circulación artificial, cualquiera de ellos puede verse afectado de forma irreversible. Los tejidos más susceptibles de complicaciones son el sistema nervioso, renal, las partículas hemáticas sanguíneas y el propio miocardio en si mismo

1- Complicaciones a nivel neurológico

Embolia aérea debido a la entrada de aire en cavidades cardiacas

Embolia por particulas o por fragmentos quirúgicos, calcio, grasa, contaminantes etc que pueden ser puestos en circulación tras quedar retenidos en cavidades cardiacas

Hipoxia – Hipotensión debido a la salida de bomba complicada, al uso de inotrópicos, a fallo cardiaco tras la retirada del soporte circulatorio que supone la bomba

Patología cerebrovascular previa, lesiones carotideas desconocidas coexistentes

Las alteraciones del SNC pueden ir desde comportamientos anómalos, pequeños déficits intelectuales, o alteraciones temporales del comportamiento, hasta estados convulsivos, coma, ictus masivos o incluso muerte cerebral

2- Complicaciones a nivel renal

Flujo de perfusión bajo durante la circulación extracorpórea que ocasione hipoperfusión renal
Hipotensión en el contexto de la salida de CEC, por shock cardiogénico post bomba
Vasoconstrictores usados para el manejo del estado hemodinámico
Microembolias renales por partículas del campo quirúrgico
Hemoglobina plasmática aumentada

3- Complicaciones hematológicas

La CEC es traumática para los elementos formes de la sangre, los hematíes, los leucocitos y en especial las plaquetas sufren de fuerzas y aceleraciones, así como el paso por filtros, caídas al reservorio, y traumatismos, que pueden conllevar su destrucción, provocando anemia hemolíticas, alteraciones plaquetarias, o deficits inmunológicos con susceptibilidad para el desarrollo de infecciones en el postoperatorio

Complicaciones inmunológicas
Dilución

Seminarios Cirugía Cardiaca
Destrucción celular
Producción de partículas por la bomba
Síndrome postperfusión

3- Complicaciones respiratorias

La mecánica respiratoria puede verse afectada por la propia esternotomía, las cavidades pleurales en ocasiones en la apertura o en la extracción de la arteria mamaria puede verse abierta y comunicada a la presión ambiental o a la entrada de fluidos como sangre o sueros de lavado, por no olvidar también la intubación orotraqueal anestésica que puede afectar a la movilización de secreciones respiratorias

Atelectasia obstructiva por mucosidad o secreciones o compresiones del parénquima pulmonar

Derrame pleural, por caída de sueros, sangrado, o trasudados pleurales

Neumotórax debido a la entrada de aire, la ineficacia de los drenajes o el uso de PEEP en el respirador artificial

Neumonía en el contexto de una intubación prolongada, al uso del respirador o estados inmunológicos alterados

Edema pulmonar no cardiogénico

Edema hemorrágico

## 4- Reacciones anafilácticas

Debidas al contacto de los elementos formes con los componentes de la maquina de circulación extracorpórea, en especial la tubuladura o medicamentos utilizados, el establecimiento de la circulación extracorpórea conlleva una activación importante del sistema inmunitario

## 5- Consecuencias sobre el propio corazón

Derivadas de la isquemia, recordemos que en la cirugía cardiaca convencional es el único órgano que permanece realmente en isquemia durante la intervención
Inadecuada protección miocárdica
Hipotermia/hielo
Distensión ( Ley de Frank Starling) debida a llenados excesivos del corazón o su disfunción, o por las presiones generadas por la máquina de CEC
Necrosis miocárdica
Fracaso a la salida de CEC

Aunque la cirugía cardiaca pretenda sumar al corazón aspectos positivos, reparando su válvula dañada o revascularizando el miocardio isquémico, es importante destacar que antes de disponer de estos efectos beneficiosos, lo que va a hacer de entrada en primera instancia restar al corazón, restar fuerza contráctil, y capacidad funcional, debido al estado de isquemia y de sufrimiento miocárdico durante la cirugía, es por ello que un corazon con buena contractilidad y buen estado funcional previo a la intervención podrá afrontarla con mayores posibilidades de exito que uno ya evolucionado, con problemas de contractilidad de escasa capacidad funcional

## RESULTADOS CEC

A pesar de las complicaciones que hemos referido en este texto, los resultados de la circulación extracorpórea a nivel mundial son muy buenos, ofrece niveles de seguridad bastante altos y resultados muy satisfactorios, no obstante cualquier paciente sometido a circulación extracorpórea conlleva un porcentaje asociado de mortalidad, los profesionales, los familiares y el propio paciente deben conocer esto y asumir estos riesgos, que por otro lado son inevitables

Aníbal Bermúdez García

Posibilidad de muerte alrededor de 1‰ debido en si a alteraciones en la propia máquina

Fallo de oxigenador en un porcentaje mínimo de las ocasiones

Monitorización de gases y demás variables de forma continua durante el tiempo de bomba

Control de la actividad anticoagulante de la heparina, para evitar eventos trombóticos durante todo el procedimiento

El "Checklist" de todos los componentes de la Bomba de perfusión, revisiones periodicas etc hace que cuente con niveles superiores de seguridad, además gran parte del material es fungible y de un único uso como es imaginable

www.ingramcontent.com/pod-product-compliance
Lightning Source LLC
Chambersburg PA
CBHW072300170526
45158CB00003BA/1126